小地鼠数学游戏闯关漫画书

菲幽爷爷的助听器

纸上魔方◎编绘

北方妇女儿童出版社
长春

图书在版编目（CIP）数据

菲幽爷爷的助听器 / 纸上魔方编绘 . -- 长春 : 北方妇女儿童出版社 , 2022.9
（小地鼠数学游戏闯关漫画书）
ISBN 978-7-5585-6430-7

Ⅰ . ①菲… Ⅱ . ①纸… Ⅲ . ①数学—少儿读物 Ⅳ . ① O1-49

中国版本图书馆 CIP 数据核字（2022）第 004961 号

菲幽爷爷的助听器
FEIYOUYEYE DE ZHUTINGQI

出 版 人	师晓晖
策 划 人	陶　然
责任编辑	曲长军　庞婧媛
开　　本	720mm × 1000mm　1/16
印　　张	7
字　　数	120 千字
版　　次	2022 年 9 月第 1 版
印　　次	2022 年 9 月第 1 次印刷
印　　刷	北京盛华达印刷科技有限公司
出　　版	北方妇女儿童出版社
发　　行	北方妇女儿童出版社
地　　址	长春市福祉大路 5788 号
电　　话	总编办：0431-81629600
	发行科：0431-81629633
定　　价	29.80 元

小朋友，请看几个算式：

1.01 的 365 次方 =37.78343433289；

1 的 365 次方 =1；

0.99 的 365 次方 =0.02551796445229。

是不是感觉很震惊?

1.01=1+0.01，这“0.01”可以看作是每天进步一点儿。这看起来微不足道的进步，在 365 天之后，竟然增长到了约“37.8”，远远大于当初的“1”！

如果没有这每天的一点儿进步，而是原地踏步，即使过了整整 365 天，“1”还是当初的“1”，一点儿也没改变。

而如果每天退步一点儿呢？365 天之后，原来的“1”竟然减少到了不足“0.03”！

前言

在一个遥远而神秘的地方有一座地下城，地下城里生活着一群可爱的小精灵，有睿智慈祥的蜈蚣菲幽爷爷，有医术高超的鼠妇大婶儿，有身怀绝技的猿金刚……而本书的主人公小地鼠皮克就是它们中间的一员。

几乎每天，小地鼠皮克都会和它最亲密的朋友杰百利在地下城里东游西逛，去寻找好吃的、好玩儿的……别提多么快乐了。但它们时常也会遇到一些小麻烦，那么它们是如何应对的，而在它们的身边又发生过一些什么有趣的故事呢？快，让我们打开本书看看吧……

“小地鼠数学游戏闯关漫画书”系列图书，以活泼的童话故事引申出一个个数学问题，由易转难，循序渐进，让小朋友在轻松愉快的阅读过程中不知不觉就能掌握数学解题方法，提高逻辑思维能力。

这种让人惊叹不已的对比，其实告诉我们如果每天进步一点儿，积少成多，能带来巨大的飞跃。

如果我们每天进步一点儿，假以时日，就会发生天翻地覆的变化。

请跟随小主人公们的脚步，开始你每天进步一点儿的旅程吧：每天的幽默比昨天多一点点，每天的反省比昨天多一点点，每天的满足比昨天多一点点，每天战胜自己多一点点……

目录

目录

植物听音乐

蛤蟆杰百利得到了一件宝贝：阿拉丁许愿草。听说就像阿拉丁神灯那样神奇。等开花的时候，就能许下三个愿望。杰百利眼巴巴地看着许愿草说："怎么才能让你长得再快一些呢？"

"有办法。"皮克告诉杰百利，"科学家们发现音乐可以引发植物细胞的共鸣，让线粒体和细胞长得更快。据说有位教授给水稻播放音乐，让水稻的产量增加了25%到50%呢！"

性急的杰百利就找来碟子和勺子使劲敲打起来："来听打击乐吧！"

"真吵，快放下！"皮克又是摇头又是皱眉，"还是古典音乐更合适一些。"

在美妙的音乐声中，许愿草真的绽放了，一个绿色的巨人随即出现在杰百利和皮克面前。

"许愿草巨人啊，快满足我们的愿望吧！"杰百利激动地闭上眼睛。

"你们搞错了。我是绿巨人，我可以为你们的演奏伴舞，但满足不了别的愿望。"绿巨人说。

"天哪，我上当了！"杰百利垂头丧气起来。

考考你

★如果 1 个 25%是$\frac{1}{2}$，2 个 25%相加是几分之几？

★★假如你把一块饼干分成 4 份，吃掉了$\frac{1}{4}$，还剩几分之几？

★★★你知道$\frac{1}{2}$和$\frac{1}{4}$谁大吗？

难点儿的你会吗？

假如你有一张大馅儿饼，你的好伙伴吃掉了这张馅儿饼的 1/5，你吃掉了剩下的 1/4，你们谁吃得多？

答案：是$\frac{1}{2}$；还剩$\frac{3}{4}$；$\frac{1}{2}$大；吃得一样多。

干的和湿的耳屎

“完了！”杰百利慌慌张张地找到皮克，“上次琼迪卖给我一种药水，说是用了就能听到千里之外的声音，可现在我什么都听不清了！”

皮克凑到杰百利耳朵边看了看：“琼迪的药水除了没用之外，没什么坏处啊，我看你是耳屎太多了吧？”

“耳屎？”

“为了阻止细菌和灰尘的侵入，外耳道耵聍腺会正常分泌油脂性分泌物，这些分泌物就形成了耳屎……”皮克解释道。

一听是耳屎，杰百利拿起汤匙就开始挖耳朵。这可把皮克吓了一大跳：“你这样会捅破鼓膜的，等耳屎变干后会自然掉落，别冒险！”

“太难受了，我可忍不了。”杰百利左顾右盼，突然看见绿侏儒蹑手蹑脚地从它身边走过。

“等等，你能变化大小，行行好，钻到我耳朵里帮我把耳屎掏出来吧。”杰百利哀求道。

绿侏儒可不愿意，好说歹说，它才答应帮忙，条件是一块奶酪。绿侏儒钻进杰百利的耳朵没过一会儿，就解决了问题。

“太好了，我给你拿奶酪！”杰百利千恩万谢。

“呃，还是不用了……”绿侏儒十分不好意思。堵住杰百利耳朵的根本不是耳屎，而是昨天绿侏儒偷偷藏到它耳朵眼儿里的一块奶酪。

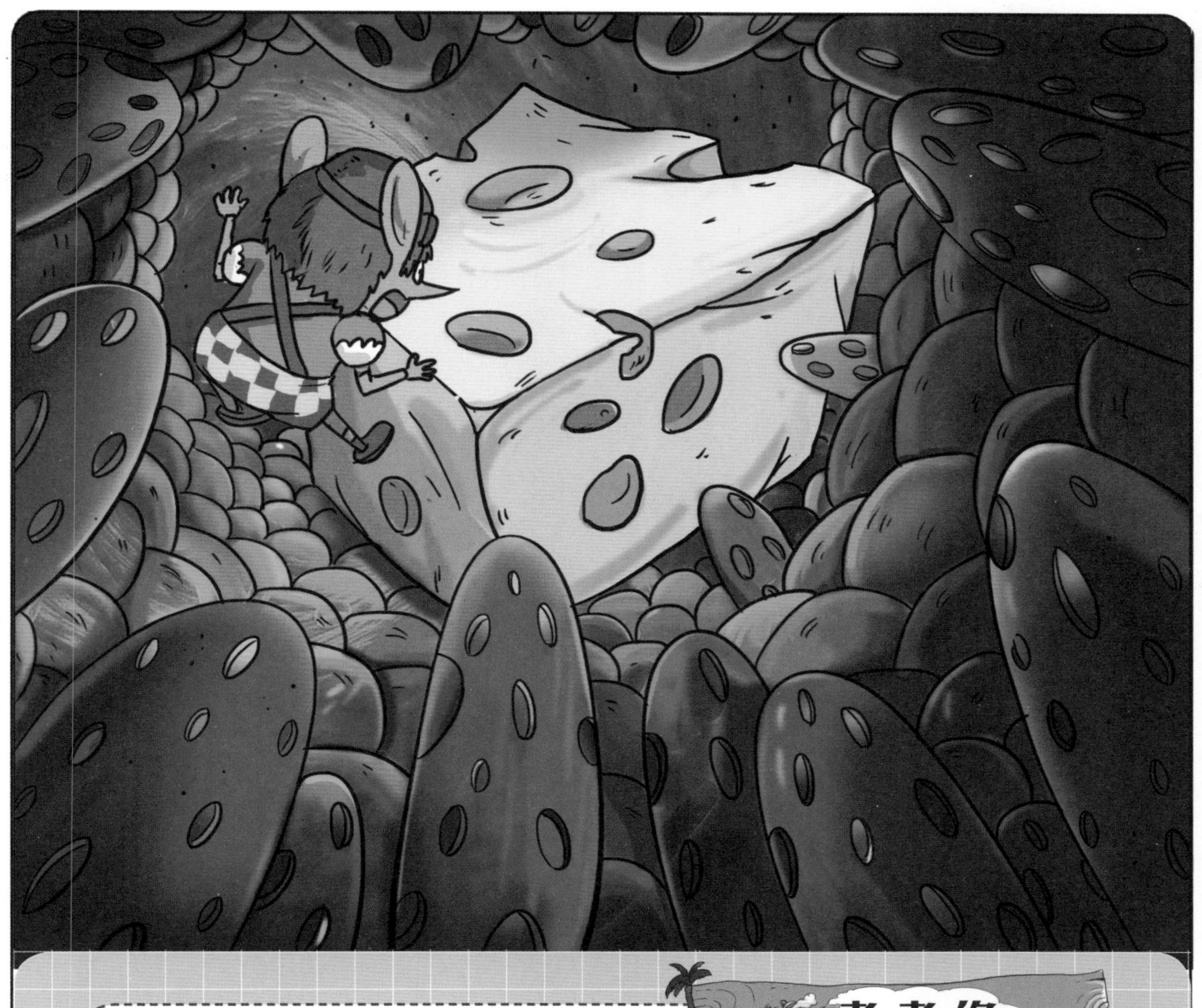

考考你

★如果你每天需要花 60 秒去取猫粮，花上 150 秒去清理猫粪，花 230 秒去洗碗，你一共得工作多少秒?

★★要是你也开始制造神秘小药丸，制作 1 粒需要花上 90 秒，制作 200 粒一瓶装的药丸，你得花上多少分钟?

难点儿的你会吗?

假如你每天都需要去卖药丸，从四楼到一楼用了 24 秒，你的竞争对手从八楼到一楼用了 48 秒，你们下楼的速度一样吗?

答案：440 秒；300 分钟；一样的。

水中的鱼

琼迪站在水边，试图向黑鱼贝利推销墨镜。“黑鱼先生，这副墨镜特别配您……”琼迪口若悬河，可是贝利充耳不闻，还用白眼瞪它。这可让琼迪不高兴了。

“您不买可以，好歹尊重我一下吧？”琼迪不知道，鱼其实是听不到水面上的声音的。因为外界的声音会被水面反射回去。另外，鱼的耳朵很原始，对外界的声波刺激比较迟钝，所以黑鱼贝利才会像看傻子一样看着琼迪。这让琼迪更生气了，它暴跳如雷，完全忘记了作为推销员的风度。

鱼虽然听不到声音，但可以感受到外部冲击带来的水波振动。又蹦又跳的琼迪让水中的贝利很是害怕，它赶紧逃走了。而琼迪还没注意到自己就要倒霉了。

“吵死人的家伙，我的美梦都被你搅醒了！”愤怒的鳄鱼先生从水边冲了出来扑向琼迪。

琼迪转身就逃，可还忘不了它作为推销员的本职工作：“那个……是我不好……不知您对防噪音耳塞感兴趣吗？”

看起来，愤怒的鳄鱼先生并不感兴趣。

考考你

★如果医生为你补 1 颗牙需要 80 秒钟，补 10 颗牙需要多少秒？

★★假如黑鱼有 24 颗牙齿，而你比它多 4 颗，你们一共有多少颗牙齿？

难点儿的你会吗？

你家门口的公交车每 15 分钟发一次，你想带着你的宠物黑鱼去公园游泳，早上 8: 10 到达车站，发现 8: 05 时已经发了一班车，你还要等多长时间才能坐上车？

答案：需要 800 秒；一共有 52 颗牙齿；还要等 10 分钟。

奇妙的雷达

“哇，救命呀！”杰百利下湖游泳还不到 10 分钟，就裹着一团东西连滚带爬地逃上了岸，“湖里有水怪，它的披风缠到我了！”

听说有水怪，皮克来了兴趣。它拿来了一个雷达探测仪：“我们用它来找水怪吧。”

“这玩意儿能发现水怪？”杰百利将信将疑。

“当然，声波可以被物体反射回来。超声波也是一种声波，蝙蝠就是通过发射超声波，再根据被反射回来的超声波判断前面物体的方向和距离的。人们根据这个原理在 1906 年发明了声呐，可以用来侦察潜水艇的位置。还可以探测水下地形和生物活动呢。”皮克解释道。

正说得高兴，探测仪响了起来。“水怪，水怪真的来了！”探测仪显示，一个大家伙正从水下向岸边冲来。还没等杰百利和皮克逃开，一脸愤怒的鳄鱼先生已经从水里钻了出来。

“喂，你们两个家伙，谁把我家的窗帘给偷走了！？”

原来，所谓水怪的披风，是杰百利潜泳时不小心裹走的窗帘啊。

考考你

★如果第一台超声波仪器是在 1925 年诞生的，第二台是在 1934 年，你知道第二台超声波仪器比第一台晚了多少年吗？

★★你们要去参观 1925 年诞生的一台超声波仪器，每张门票 5 元钱，一共有 86 名同学，需要多少元钱？

难点儿的你会吗？

如果你要现场攀岩蝙蝠洞，有 3 根长度不同的绳子，绿绳比白绳长 24 米，黑绳比白绳短 19 米，你知道绿绳比黑绳长多少米吗？

答案：晚 9 年；430 元钱；绿绳比黑绳长 43 米。

电影院里没有薯片

对杰百利来说，边吃薯片边看电影真是一大享受。薯片的美味实在是太诱人了。可它一连找了好几个电影院，发现都没有薯片售卖服务，最多也只是有爆米花可以吃。

“这是为什么？”杰百利很失望。

皮克解释道：“这是因为早期的电影院和欣赏歌剧、音乐会一样，都是需要安安静静观看的。吃薯片发出的声音太大，很容易打扰到其他人，这样可不太文明。另外，在电影院吃薯片很容易把残渣弄得满椅子满地都是，很不卫生。”

“我可不管，我就要吃！”电影院不提供，杰百利自己想办法。它一口气买了十几种口味的薯片，有黄瓜味、烤鸡味、奶油味、芝士味……足够它吃上一天了。

“呃，我劝你还是在家里边看电视边吃薯片吧。”皮克好心提醒。可倔强的杰百利还是抱着一大堆薯片去了电影院。“咔嚓咔嚓……”“边看电影边吃薯片的感觉好极了。”“咔嚓咔嚓……哇，谁打我？哎哟哎哟……”

原来，被嚼薯片声吵得无法专心看电影的鳄鱼先生忍无可忍，狠狠地揍了杰百利一顿。这下子，鼻青脸肿的杰百利估计一个月都吃不了薯片了。

考考你

★假如你喜欢的薯片口味有 20 种，你的好朋友喜欢的薯片口味只有你的$\frac{1}{10}$，他喜欢多少种口味的薯片？

★★假如你有 15 种不同的调料可以做薯片，你的调料总数是你的好朋友的调料总数的$\frac{1}{2}$，你们一共有多少种不同口味的调料？

难点儿的你会吗？

如果一片薯片只有 1 毫米厚，你有 200 片装的 15 盒薯片，它们一共有多少厘米厚？

答案：2 种口味，一共 45 种不同口味的调料，一共有 300 厘米。

厨房里的巨响

皮克和杰百利应邀去绿侏儒的家里吃饭，绿侏儒在厨房里忙个不停，“噼啪噼啪”直响。皮克疑惑地问道：“这是什么声音？它该不会在施什么巫术吧？”杰百利赶紧附和：“有可能，这家伙请我们吃饭，还不准靠近厨房，准没安好心！”

皮克突然想起它从琼迪那里学过画平安符的法术，听琼迪说，这种平安符专门克制绿侏儒的巫术。可是，用什么来画呢？杰百利一拍脑门儿：“这不是有番茄酱吗？我们就用番茄酱画符，反正符文画出来是红色的就行！”

两人说干就干，很快就把一瓶番茄酱用了个底朝天。正好绿侏儒出来找做菜用的番茄酱，看它俩把屋子里折腾得一片狼藉，气坏了！等搞清楚原因后，绿侏儒哭笑不得：“两个笨蛋，刚才的‘噼啪’声是从油锅里发出来的。当油锅烧热到100℃的时候，锅里食物里的水就会蒸发，蒸发时，水滴会变成气体，体积也会膨胀变大并发出剧烈的爆炸声。等水都蒸发掉了，‘噼啪’声也就变小了。”

听了绿侏儒的解释，皮克和杰百利赶紧道歉。可它们不知道的是，绿侏儒为了省钱，用了过期的食材来做饭，这才真的是会让人拉肚子的“巫术”哟。

考考你

★假如你开了一家餐厅，错把菜单上的金额 48 看成了 84，结果算出来是 120，你知道正确的得数是多少吗？

★★你的餐厅上午卖出 450 个汉堡，下午卖出 650 个汉堡，下午比上午多卖出多少个汉堡？

难点儿的你会吗？

要是你的餐厅外面一下子来了 860 只宠物狗，130 只宠物猫，而座位一共有 985 个，它们能够坐得下吗？

答案：正确的得数是 84；多卖出 200 个汉堡；一共有 990 只宠物，所以坐不下。

笛子的诱惑

隐士火烈鸟凡奇学艺回来了，这个消息传遍了整个地下城。都说凡奇虽然看上去邋遢得像个流浪汉，可它手里的笛子却能让凶猛的眼镜蛇闻声起舞，俯首听命，真是厉害极了。每天大家都簇拥着想看到凡奇的表演，杰百利和皮克也不例外。可绿侏儒却对此嗤之以鼻："凡奇不过是个要戏法的骗子罢了。"

"你只不过是嫉妒它。"皮克说道。生气的绿侏儒赶紧争辩，"眼镜蛇其实又聋又瞎，根本听不到笛声，也看不清凡奇。只是它的触觉特别灵敏，你们看凡奇边吹笛边跳舞，地面产生振动，眼镜蛇就会探出身体想要侦察敌情。凡奇再把笛子的一头对准蛇，让气流喷向蛇头，蛇敏锐的感官可以觉察出空气的细微流动，然后扭动身体做出警戒的反应。"

"真的吗？"乘凡奇不注意，杰百利试着边跺脚边靠近眼镜蛇，如果眼镜蛇真的是靠振动来感受外界，那岂不是不吹笛子也可以让蛇"舞"起来吗？果然，受惊的眼镜蛇突然用尾巴卷住了杰百利。要不是大家拼命救援，恐怕杰百利就成眼镜蛇的美餐了。

考考你

★假如你每天都为火烈鸟宠物洗澡，上个月底水表示数是 293 吨，这个月底是 312 吨，下个月水表的示数会超过 350 吨吗?

★★要是你使用 2 吨水，水表走 4 个数字，走了 200 个数字，一共使用了多少吨?

难点儿的你会吗?

如果 100 只火烈鸟洗一次澡共需要 1 吨水，1 只火烈鸟洗一次澡，需要多少千克的水?

答案：一个月的用水量约 20 吨，不会超过 350 吨，一共用了 100 吨，需要 10 千克。

雷声为什么那么可怕?

雷雨天，皮克听到隔壁传来一阵阵哭声，这准是邻居咕咕小姐在哭。热心的皮克赶紧登门询问是否需要帮助。

咕咕小姐哭着说道：“我的孩子不知道跑到什么地方去了，我得在雷雨前赶紧把它找回来，可外面的雷声实在太可怕太吓人了，我不敢出门，呜呜呜……”

皮克安慰咕咕小姐，其实雷并没有它想的那么可怕。天上的云有的带正电，有的带负电，带电性质不同的云团之间会产生强大的电场，电场放电时产生的温度极高，会使得云团在一瞬间气化膨胀，发出震耳欲聋的响声，这就是雷声了。有的时候雷声一次在山谷或高大的障碍物之间来回反射，我们就会听到连续的雷声。另外，天空中不同区域的湿度不同，对声波的传导速度也不同，也会造成多次雷声。

“原来是这么回事啊！”咕咕小姐觉得搞清楚了原因，那轰隆直响的雷声也不再可怕了。还是找孩子要紧，咕咕小姐和皮克赶紧冲出家门，在雷雨来临前找到了孩子。

考考你

★上午下了 695 滴雨，下午下了 852 滴雨，你能算出上午和下午一共下了多少滴雨吗?

★★假如打 1 次雷能产生 5 个闪电，天空一共出现了 600 个闪电，那么打了几次雷?

难点儿的你会吗?

如果天空出现 10 个 8 朵组成的云团，才能产生 1 片积雨云，一共出现多少朵云团，才能产生 6 片积雨云?

答案：一共下了 1547 滴雨，打了 120 次雷，480 朵。

超音速

绿侏儒得意扬扬地向杰百利炫耀它的午餐："看，碳烤南极鱼，新鲜极了！"这让杰百利瞪大了眼睛："新鲜南极鱼？这不可能，它们远在天边啊！"

看着杰百利一副没见过世面的样子，绿侏儒嗤之以鼻："我有超音速飞船，想要瞬间飞到南极轻而易举。"

"什么是超音速呢？"绿侏儒向杰百利解释道："声波在空气中传播的速度是每秒 340 米，在水中是每秒 1500 米。而超音速就是超过声波在空气中的传输速度。它以马赫为单位，1 马赫就是 1 倍音速，2 马赫就是 2 倍音速。而我这台超音速飞船可以达到数千马赫，飞得快极了。"

一脸羡慕的杰百利要求绿侏儒用超音速飞船带它去旅行一圈。绿侏儒一口答应，不过，也许是它得意过头了，在操纵超音速飞船的时候多按了几个零。等飞船降落的时候，绿侏儒和杰百利才发现自己已经飞到了章鱼星球。看来，这些章鱼要把杰百利它们当作送上门的午餐了。

考考你

★假如你的声音每秒能传递 340 米，如果要让 2000 米外的人听到，大约需要多少秒？

★★声波的速度在空中每秒传递 340 米，你知道 20 秒钟它大约传递了多少千米吗？

难点儿的你会吗？

如果超音速在水下 1 小时能达到 1200 千米，传播 3600 千米，需要多少分钟？

答案：大约需要 7 秒，大约传递了 7 千米，需要 180 分钟。

叩击问诊法

“哎哟哟，哎哟哟……”杰百利捧着肚子跑到鼠妇大婶儿的诊所去看病，“听说您这里可以通过敲打病人的胸口来诊断病情？”

鼠妇大婶儿点点头：“这可不是我的发明，是18世纪一位叫作奥安布鲁格的医生发明的。他父亲经常用叩击酒桶的方法来判断里面还剩多少葡萄酒。酒剩得多，叩击的回声就比较沉闷。剩得少，回声就比较清脆。这一现象启发了奥安布鲁格。要是叩击病人的胸腔，是不是也能根据声音来判断胸腔里有没有积液或其他病变呢？这就是叩诊法。”

“可我是胃疼……”杰百利苦着脸说。

“别急呀，腹部也可以叩诊，原理是一样的。哎……你这里叩击起来不太对劲啊，难道是癌症？”

鼠妇大婶儿话还没说完，杰百利就吓得两眼一翻晕了过去。也幸好它晕了，这样鼠妇大婶儿才能顺利地从杰百利胃里取出了一个金币，正是这个金币搞得它疼痛不已。而金币为什么会跑到杰百利肚子里呢？都怪贪吃的杰百利把它当成了金币巧克力。

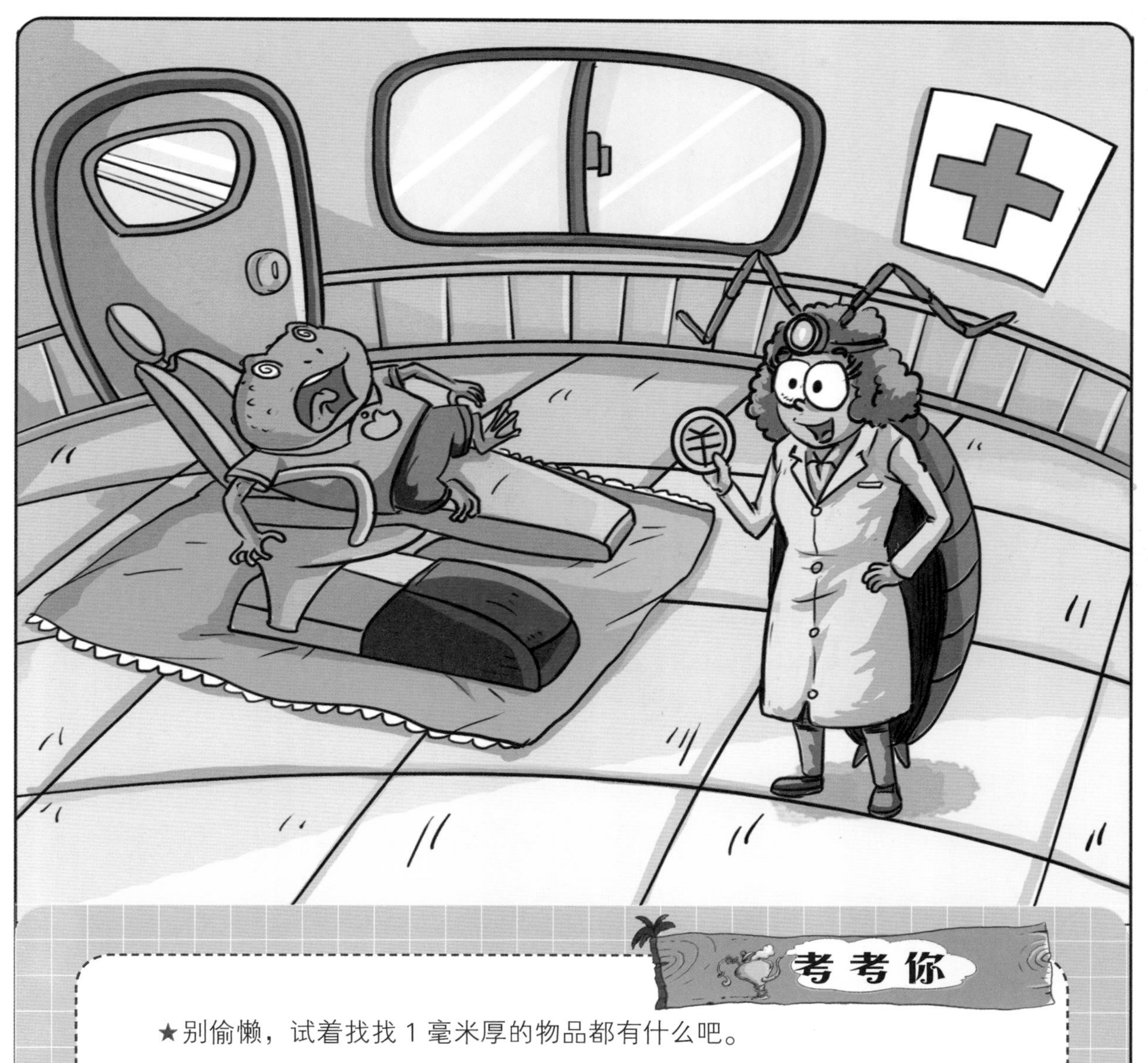

考考你

★别偷懒，试着找找 1 毫米厚的物品都有什么吧。

★★如果一个牙洞有 10 毫米，鼠妇大婶儿补 5 个牙洞，一共要补多少毫米？

★★★假如你的宠物大象的牙齿高 50 毫米，60 颗牙齿接在一起，一共有多少米？

难点儿的你会吗？

假如你的宠物大象一口牙齿一共有 6 米高，是你的宠物狗的牙齿高度总和的 6 倍，你的宠物狗有 20 颗牙齿，你能算出宠物狗一颗牙齿有多少厘米吗？

答案：比如 1 分钱硬币厚度，或者是一张名片的厚度；50 毫米；一共有 3 米；5 厘米。

助听器的原理

杰百利被菲幽爷爷气坏了。它平时喊菲幽爷爷都是一喊就答应，可今天它只不过想向菲幽爷爷借十条小鱼干，菲幽爷爷连正眼都没瞅它。“这个菲幽，太抠门儿了！”嗓子都喊破了的杰百利大声吼道，它生怕菲幽爷爷听不见自己的抱怨。

“你误会菲幽爷爷了，它不是故意的，只是忘了戴助听器而已。”皮克替菲幽爷爷辩解。原来，一般成年人能听到频率在 20 赫兹到 20000 赫兹之间的声音。可随着年纪慢慢变大，鼓膜会越来越厚。频率高的声音越来越难通过内耳和听小骨的间隙，这样一来，能听到的声音频率越来越小，对比较大的声音反而听不清楚了。要是没有助听器的帮助，菲幽爷爷什么都听不见。

“助听器可以帮助人听清楚声音？”杰百利好奇起来。皮克告诉它，助听器可以根据需要调整声音的频率，还能屏蔽噪音呢。听皮克这么说，杰百利也买了一个助听器，这样就可以不用被烦人的街头噪音所困扰了，只是在屏蔽噪音的同时，它也错过了蛋糕店店员邀请它免费试吃的叫喊声。要是贪小便宜的杰百利知道了这件事，它一定会气疯的。

考考你

★假如你的耳朵能听到1500赫兹的声音，你的伙伴能听到300赫兹的声音，你听到的声音是他的几倍?

★★如果你的耳朵鼓膜厚10毫米，大象的耳朵鼓膜厚5厘米，你们谁的耳朵鼓膜更厚一些?

难点儿的你会吗?

你的伙伴最近佩戴了一副耳机，耳机的机绳绕脖子转了4圈后，余3厘米，如果绕5圈还差3厘米，你能算出这根耳机绳有多长吗?

答案：5倍；5厘米=50毫米，当然是大象；长27厘米。

学习的时候听音乐

小青蛙力古最近把妈妈咕咕小姐气坏了。因为它总喜欢边学习边戴着耳机听音乐。“你这叫一心二用！”咕咕小姐气得脸更鼓了。“可我觉得这样做起作业来更专注啊！”力古反驳道。母子俩争执不休，惊动了皮克。

“别担心。”皮克劝慰咕咕小姐，“有研究表明，不同的旋律可以刺激大脑的不同区域。从小接受钢琴和小提琴教育有助于强化人的语言和记忆功能，而且，古典音乐还能激发人的创造力和想象力呢。特别是莫扎特的音乐。”在皮克看来，力古虽然边学习边听音乐，可它的成绩一直都很不错，说明这种方式适合小力古，只不过要注意的是，耳机音乐千万别开太大，否则时间长了会伤害鼓膜。

在绿侏儒餐厅里打工的杰百利也听到了皮克的话，它突发奇想，要是自己一边打扫一边听音乐，不是可以边干活儿边开发大脑吗？说干就干，它戴着音乐耳机，拿着扫把欢快地在餐厅里舞动起来。因为太兴奋，杰百利打碎了餐盘，碰倒了咖啡机，还一头撞翻了绿侏儒。

“看你干的好事！”气坏的绿侏儒扔掉了杰百利的音乐耳机。这下，杰百利又要从头打扫一遍了。

考考你

★动手量一量，看看你的书包大约有多高。

★★小青蛙力古要坐火车去远方学习音乐，它看到火车标志时速是“160”，你知道后面的长度单位吗？

★★★力古的弟弟非说它的杯子有 50 分米高，你认为这样说靠谱吗？

难点儿的你会吗？

假如你边跑步边练习美声，绕着运动场跑 2 圈半是 1000 米，跑三圈是 1200 米，你知道跑 3 圈比跑 1 圈多多少米吗？

答案：略；160 千米；不靠谱，因为 50 分米 =5 米高；多跑 800 米。

令人不安的警笛声

琼迪最近患上了警笛恐惧症，因为它在售卖假货的时候，被蟑螂警长多斯开着警车追赶过。那震耳欲聋的警笛声把琼迪吓破了胆，它为此寝食难安。这样下去可不行，琼迪决定向隐士凡奇求助。听说这位“大师”还自学过心理咨询，说不定可以解除自己的心病。

看见有顾客上门，凡奇迫不及待地卖弄起来：“放松，你对警笛的反应是很正常的。我走南闯北什么都见过，除了警车，生活中还有各种各样的警笛报警声。比如火警、救护车、空袭警报、地震警报……每种警笛的响声都有区别，不过它们都有一个共同点，那就是会让你很紧张！”

“对呀，我就是很紧张，这……”琼迪还没说完，就被凡奇打断：“紧张是好事，知道警笛声为什么那么尖锐急促吗？因为这样的声响可以让人产生紧张和不安的感觉，从而提醒我们做好应急的准备。”

“有道理，看来我紧张得还不够……”琼迪喃喃自语，从此以后，它连晚上睡觉都要穿好衣服，提上皮箱，就是为了一听到多斯警长的警笛声就爬起来逃走。看来，琼迪的心病更严重了。

考考你

★假如你所在的城市，一年要有 8 次空袭演习，而你的好伙伴错过了 2 次，你比他多参加了 1 次，你参加了几次？

★★假如你的好伙伴的步行速度是你的一半，他每步走 50 厘米，你能算出要是你走了 900 步，他走了多少米吗？

难点儿的你会吗？

你知道几根 1 米的绳子连起来是 2300 米，几根 2 米长的绳子连起来是 4800 米，6000 米的绳子由几根 50 分米的绳子组成吗？

答案：7 次；他走了 225 米；2300 根，2400 根，1200 根。

不同的声音

兴奋的皮克找到杰百利："有两场个人音乐会，一场是绿巨人的，可以为观众提供免费的零食。还有一场是塔丽小姐的，没有零食供应，你想听哪一场？"

"这还用问，当然是有零食的啊！"杰百利想都没想就做出了选择。可是在绿巨人演唱会的现场，两个小伙伴对自己的决定后悔了。绿巨人嘶哑的男低音让它们痛不欲生。"天哪，它到底是在唱歌还是在开坦克？""我的妈呀，简直是魔音灌耳，好像一万头大象跑过！"

从绿巨人演唱会逃走的皮克和杰百利又去了塔丽小姐的演唱会现场。塔丽小姐优美的女高音征服了它们。"同样是歌手，为什么区别这么大呢？"皮克十分不解。塔丽小姐告诉它："不同的声音和振动频率的高低、振幅的大小和音色有关。男性声音的频率比女性低，这是因为男性的声带比女性长——男性的声带有1~1.5厘米，而女性只有0.5~1厘米。声带越短，发出的声音就越高。"

"原来是这样啊！"杰百利使劲抠了抠自己的喉咙："看来我是注定成不了男高音歌唱家了。"

考考你

★假如你要为你的大象宠物检查声带，它的身高是 6 米，你要准备几把高 40 厘米的椅子才能攀上去？

★★你的大象宠物体重有 6000 千克，可是你准备带它乘坐的私人火车载重却标着 20 吨，它能够乘坐吗？

难点儿的你会吗？

你的体重是 30 千克，你爸爸的体重是 6 个 15 千克，你们俩的体重加在一起后，必须再增加多少千克，才有 1 吨重？

答案：要准备 15 把；6000 千克是 6 吨，当然可以乘坐；必须再增加 880 千克。

吃辣椒为什么会出汗

杰百利看着满地的衣服发愁。它最近胖了，过去的衣服没一件能穿的。这可怎么办啊？“我要减肥！”杰百利大叫道。可它又不愿吃运动减肥的苦，只好向皮克求助：“有没有靠吃东西减肥的妙招儿？”

“有啊，你可以吃辣椒。”皮克告诉杰百利，“辣椒里的辣椒素能消耗热量，分解脂肪，起到减肥的作用。”杰百利赶紧买来很多辣椒大吃起来。不过它发现越吃越不对劲，不但嘴里和肚子里辣得疼，还不停地出汗。这是怎么回事？

“别担心，吃辣椒出汗，是因为辣椒素刺激舌头上相应的细胞，向大脑传递热和痛的信号，大脑感受到高温灼热的感觉后，会指挥汗腺排汗来调节身体温度。”

“可是我辣得受不了了！”杰百利辣得在原地使劲蹦跳，“不行，我要去找水喝！”它一溜烟地跑了。

“其实，吃辣椒减肥的效果很有限。不过这样倒是让你运动起来了，对减肥应该也有帮助吧。”皮克喃喃自语，“哎，忘了告诉它辣椒素不溶于水，但溶于牛奶。要解辣，喝水可没用啊。还是得喝点儿牛奶才行。”

考考你

★假如一袋辣椒的重量有 80 千克，10 袋辣椒的重量有 1 吨重吗？

★★假如有一位供货商要收你的采摘园里的辣椒，他需要 4 吨，你能算出是多少千克吗？

难点儿的你会吗？

你要请你的动物伙伴吃辣椒大餐，为了给它们准备充足的辣椒，你要计算它们的体重。1 头大象的体重相当于 5 只角马的体重，1 只角马的体重相当于 2 头狮子的体重，如果一头狮子重 300 千克，你知道你的大象宠物重多少吨吗？

答案：没有；4000 千克；大象的体重是 3 吨。

少不了的舌头

菲幽爷爷最近很不安，因为邻居斑点狗卓诗玛总是在对面窗口朝自己家张望，一边张望还一边甩动着长长的舌头，看上去可疑极了。

“天哪，这家伙一定是盯上我家美味的糕点了。”菲幽爷爷暗想。它赶紧吩咐来做客的杰百利：“快，快把我的奶油蛋糕藏起来。还有……还有栗子饼、蛋黄派、千层布丁……”

正当菲幽爷爷忙得不可开交的时候，斑点狗卓诗玛在对面大笑起来：“我全听见了，其实，我伸舌头只是给自己调节体温散热而已。夏天太热了啊！”

“真的吗？”菲幽爷爷有些不信。卓诗玛告诉它：“许多动物的舌头都有特殊的用途，长颈鹿不仅脖子长，舌头也长达 68 厘米，这样可以轻松够到树叶。而变色龙的舌头比自己身体还长呢，这样方便吃飞虫。啄木鸟的舌头长在鼻孔里，可以快速伸出捉虫。而狗身上的汗腺起不到什么散热的作用，只能靠伸出舌头蒸发唾液来降温。”

“舌头还真是千奇百怪啊！”菲幽爷爷转向杰百利，“快把藏起来的蛋糕拿出来吧。”

“晚了。”杰百利摸摸圆鼓鼓的肚皮，“为了保险起见，我藏到这里了。”

考考你

★菲幽爷爷越来越健忘了，它昨晚丢了8只鞋，今天丢的鞋子的数量是昨天的一半还少1只，今天它丢了多少只鞋？

难点儿的你会吗？

王大妈收养了一大群流浪狗，想要喂饱它们得需要足够的食物。她有一辆载重2吨的小车，还有一辆载重3吨的大车，她要怎样安排能恰好运完8吨重的狗粮？

答案：今天丢了3只鞋，载重2吨的车运4次，或者载重2吨的车运1次，载重3吨的车运2次。

神奇的大脑

琼迪最近在卖一种神奇的药丸，只要吃上一粒，就可以让大脑长时间处于清醒状态。它想向蓝章鱼推销这种清醒药，却被蓝章鱼拒绝了："我看，你不如卖给海豚。它们特别喜欢长距离游泳，应该需要你这种药丸来保持清醒。"

这可是理想顾客啊，琼迪划着救生圈就踏上了寻找海豚之旅。可茫茫大海上只看到一群群鲸鱼出没，不知多少天过去了，也没找到海豚。为了保持清醒，琼迪只好一颗接一颗地吃自己的清醒药。最后它忍不住向鲸鱼们打听起海豚的去向。

听了琼迪的话，鲸鱼们笑坏了："海豚根本就不需要你的清醒药。它们有两个大脑半球，可以轮换着工作和休息。每隔十几分钟，大脑半球就会换班。也就是说，海豚即便是在睡觉的时候也照样可以游泳……嗯，或者说游泳的时候照样睡觉。"

天哪，垂头丧气的琼迪爬上岸，却意外地遇到了一只对自己的药丸感兴趣的螃蟹："听说你有清醒药，快，有多少来多少！"

"真是不巧……"琼迪哭丧着脸翻开药箱："这一路上太辛苦，清醒药被我自己吃光了。"

考考你

★假如你也有一条宠物海豚。你要喂它食物，要喂银鱼 272 条，喂小丑鱼 123 条，还要喂金枪鱼 31 条，你要喂给它的鱼一共有多少条？

难点儿的你会吗？

假如你的宠物海豚走丢了，被大鳄鱼关在了它的鳄鱼城堡里。想要领回海豚，你必须破解一个密码，大鳄鱼给你两组数字，第一组数字是 28 △，第二组数字是○□ 7，列出竖式后，它们加在一起得出的数字是 394，你知道△○□各代表什么数字吗？

答案：426 条；○代表 1，△代表 7，□代表 0。

围成圆圈的鹧鸪

杰百利心急火燎地跑来找皮克：“不得了了，森林里的鹧鸪全中了魔法！”

皮克跟着杰百利跑到森林里一看，果然，鹧鸪们围成一个大圈，头朝外，尾巴朝里，一动不动。

“你看，它们就好像集体睡着了一样。不是中了魔法是什么？”杰百利急得抓耳挠腮，“我们得想办法帮帮它们。”

皮克忍俊不禁：“不是好像，它们真的是集体睡着了。”

“啊？什么魔法能让它们用这么怪的姿势睡觉？”杰百利还是不懂。皮克憋住笑，告诉杰百利：“这是鹧鸪防御敌人的独特睡觉方式。之所以头朝外围成一个大圈，那是因为不管敌人从哪个方向袭击，它们都有机会逃走。”

“是吗？”杰百利将信将疑地走近鹧鸪们。果然，大部分鹧鸪赶紧逃走了，只剩下少数几只还纹丝不动。这是怎么回事，难道它们睡得太死了吗？

“这是雌性鹧鸪在孵蛋。”皮克解释道。母鹧鸪非常恋窝，孵蛋时，哪怕受到惊吓也不会贸然逃走。它话音未落，一只小鹧鸪就从蛋里钻了出来。可爱的小家伙让杰百利终于松了一口气。

考考你

★小鹧鸪的翅膀只有 10 厘米，它的妈妈和爸爸的翅膀的总长比它的翅膀长度多 4 倍还余 50 厘米，它的妈妈比爸爸的翅膀少 10 厘米，你能算出它的爸爸的翅膀多长吗？

难点儿的你会吗？

假如你的宠物鹧鸪们真的围成一个圆圈，在举行神秘仪式，你想钻进去看看，可必须解开一个竖式密码，第一组数是□0○，第二组数字是2△8，列出竖式后，将它们相减，得数是 359。你能解开三个图形各代表什么数字吗？

答案：长 50 厘米；□=6，△=4，○=7。

章鱼的手

蓝章鱼从深海的沉船里打捞到了一个藏宝箱，它别提有多喜欢这个藏宝箱了。白天出门时，蓝章鱼会把藏宝箱放到很隐秘的地方。晚上睡觉的时候，蓝章鱼会用自己的触手紧紧地抱住藏宝箱，似乎一刻都不想放开。

琼迪去蓝章鱼家时看到了藏宝箱。里面会藏着什么宝贝让它这么爱不释手呢？琼迪想问蓝章鱼。不过它害怕蓝章鱼不会告诉自己，琼迪决定等晚上潜入蓝章鱼家，偷偷打开宝箱看一看。

到了晚上，琼迪蹑手蹑脚地靠近熟睡的蓝章鱼。此刻它用两条触手紧抱宝箱，其他六条触手卷起来放在一边。可正当琼迪想掰开抱着宝箱的触手时，另外六条触手闪电般地伸了过来，把琼迪紧紧缠住，可怜的琼迪不知道，章鱼睡觉时也会有两只触手保持清醒，一旦敌人碰到它们，就如同触发了警报器，其他的触手会立刻做出防御反应。

“天哪，我为什么会抱着你？”蓝章鱼揉着眼睛醒来。当听完羞愧的琼迪讲完来意后，它笑坏了：“其实，这是一口空箱子。我之所以抱着它，是因为我喜欢抱着东西睡觉。”

考考你

★假如你的宠物蓝章鱼，去年一整年帮你实现了 601 次愿望，今年到了年底帮你实现了 417 次愿望，今年比去年少帮你实现了多少次愿望？

难点儿的你会吗？

假如你在帮你的宠物蓝章鱼建城堡时，计算图纸的时候有一道原材料的三位数减三位数的减法题，由于马虎，你把被减数个位上的 3 和十位上的 0 分别错写成了 8 和 6，这样算得的差是 202，你能找回正确的差吗？

答案：184 次；动手列竖式试一试，正确的差是 137。

没有牙齿的坏处

地鼠梅斯威爷爷已经老得胡子全白了，它最喜欢做的事情，就是坐在摇椅上给杰百利讲过去的故事：“想当年，我曾去过一次山丘巨人的储藏室。乖乖，腌火腿、烤鹅、熏鸡、冰激凌……真是太好吃了。”听梅斯威爷爷讲得绘声绘色，杰百利也馋了：“那我请您去本地最好的自助餐厅大吃一顿吧？”梅斯威爷爷连忙摇手：“不去不去！”

杰百利疑惑了：“那么喜欢聊美食的梅斯威为什么反而对吃东西不感兴趣呢？”皮克解答了它的疑惑：“那是因为梅斯威爷爷的牙都掉光了啊。要知道，我们品尝美食可不全靠味觉和嗅觉，牙齿的感觉也是很重要的。在牙齿里有丰富的神经，可以把冷、热、酸等各种感觉传递给大脑，牙齿还能敏锐地觉察到食物柔软或坚硬的质感，这些都能帮助我们更好地享受食物的美味。”

原来是这么回事，好心的皮克和杰百利决定合送梅斯威爷爷一副假牙，虽然比不上自己真正的牙齿，但梅斯威爷爷还是大受感动：“走，我请你们去大吃一顿！”

考考你

★假如老地鼠梅斯威需要到绿巨人高脚屋去医治牙齿，高脚屋高 90 分米，梯子有 3 架，有一架高 97 厘米，有一架高 5 米， 有一架高 920 厘米，你要帮它选哪一架梯子，才能爬上高脚屋?

难点儿的你会吗?

如果你的牙医给你打了 2 次电话，第一次说价值 980 元的牙套降价了 130 元，没等你去取，又由于供货商的原因涨价 87 元，现在买这副牙套，你需要花多少钱?

答案：选 920 厘米高的梯子；需要花 937 元。

闪电和雷声

在皮克的帮助下，咕咕小姐不但治好了雷声恐惧症，还似乎得到了一种超能力——可以准确地预测到什么时候会打雷。这让杰百利惊讶不已："请问，你是怎么做到这一点的？"同样害怕雷声的它想：要是我能学会咕咕小姐的预测法，就能提前有心理准备了。

"这个嘛，预测雷声是我们青蛙家族的天赋，蛤蟆可能学不会……"咕咕小姐并不想告诉杰百利它的绝活儿。实际上，要是杰百利懂一点儿物理就好了。雷电是云层间的放电现象，闪电和雷声会在放电的瞬间同时出现。但闪电是以每秒 38 万千米的速度传播，而雷声每秒只能传播 340 米。所以我们会先看到闪电，再听到雷声。闪电离我们越远，听到雷声也就越晚。每当咕咕小姐看到闪电的时候，它就知道接下来会响起惊雷了。

糟糕的是，咕咕小姐的孩子们也喜欢上了预测雷声的游戏。它们乐此不疲地大喊"打雷啦""打雷啦"，杰百利只要一听见它们的喊声，就吓得躲进屋子里。其实天上晴空万里，哪来的雷电啊，那只不过是青蛙宝宝们的恶作剧而已。

考考你

★声音在空中传递的速度是每秒340米，你能算出是多少分米吗?

★★身为天气播报员，有几组打雷数据到了你的手中，需要将它们加在一起得出总和，这几组数字分别是299，304，307，298。你能利用找基准数解决这个连加问题吗?

难点儿的你会吗?

你知道三位数加三位数的不进位加法怎么计算吗?

答案：3400分米；比如将299看成（300-1），把304看成（300+4），依次计算，得出答案1208；相同数位对齐，从个位加起，把相加的得数写在相应的数位上。

能动的自行车

琼迪骑着一个古怪的东西出现在地下城的街头："这是魔法飞车，大家快来买啊！"只见它的腿慢一下紧一下地蹬着，魔法飞车的两个轮子飞速旋转，在街头疾驰而过。所有人的目光都被这辆车吸引过去了。

"什么魔法飞车，不就是自行车嘛。"见过世面的皮克告诉目瞪口呆的杰百利，"自行车靠蹬踩踏板，带动齿轮和链条牵引后轮转动，后轮又推动前轮旋转。这样车就跑了起来。"

"我看，它的两个轮子也很古怪。"趁琼迪停下车去买饮料，杰百利捏了捏车轮，里面鼓鼓的很有弹性。它大为好奇，又摆弄了几下，把轮胎气给放光了。

"你看车胎上有花纹，这样可以帮助车轮和地面间产生摩擦力，骑得更稳不易打滑。但轮胎没气后会让摩擦力大大增加，车就不好骑了。"皮克说。

"我不信，我骑给你看！"杰百利飞身上车，皮克果然说得没错，轮胎没气的自行车蹬起来费劲极了。突然琼迪在它身后大喊起来："我的车！抓住那个小偷！"杰百利心里一慌，从车上掉下来，车也摔坏了。

唉，看来琼迪会强行把这辆破车卖给倒霉的杰百利了。

考考你

★为了买一辆新自行车，你准备这个月送600份快递，上半个月你接了279个单子，下半个月你接了395个单子，你完成任务了吗？

难点儿的你会吗？

如果你和你的伙伴都想换一辆崭新的自行车，商店的导购告诉你们买一辆是420元，买两辆的话第二辆只收第一辆价钱的半价，你能算出你们平均每人节省了多少钱吗？

答案：完成了，每人省了105元。

地震紧急救援

皮克和小精灵正在小岛上玩耍，突然黑鱼墨丘跳出水面："糟了，要地震了，你们怎么还不跑？"它惊慌失措地转了几圈，又一下跳回水里，逃走了。

"墨丘疯了吧？"皮克看着四周一如往常，哪有什么地震啊。可小精灵却紧张起来："我看咱们最好相信墨丘。要知道，地球一年有500多万次地震，每天就有1万多次。只不过大多数地震震幅小到我们感受不到的程度。而真正会造成严重危害的地震，每年可能有十多次。能把墨丘吓成这样，估计地震很严重。"

"可是，墨丘怎么会感觉到地震要来了呢？"小精灵告诉皮克："地震时会产生超声波和次声波。人类感受不到，但鱼类和其他一些水生动物可以感受到。另外，像蛇和蝙蝠也能感受到这些异常反应，提前逃走。"

"啊，那我们怎么办？"皮克急得团团转，这时候，鳄鱼先生带着杰百利乘着摩托艇出现在它们面前："快走，不然来不及了！"原来，是感知到地震的蝙蝠兄弟们紧急通知了正在附近开篝火晚会的鳄鱼大叔前来救援。这可真是及时雨啊。

考考你

★地球一年要地震 500 万次，平均一个月大约地震多少次？

★★如果每天都要发生 1 万次的小地震，假如今天离四月底还差 2 天，那么在四月份已经发生过多少次这样的小地震？

★★★假如你在统计地震的数据，一个加数增加 365，再加一个加数也增加 365，和增加了多少？

难点儿的你会吗？

在你统计的地震数据中，一个数比 308 多 12，这个数一定比 12 多 308 吗？

答案：大约 41 万次，28 万次，增加了 730，对的。

地球也盖被子

冬天快来了，怕冷的杰百利开始准备过冬。它给家里的座椅都盖上了被子。当然，最厚的被子是留给自己的。忙着忙着，杰百利担心起来：大家都有被子，只有地球没有。难道它不会冷吗？

听了杰百利的担心，皮克笑了起来：“首先，地球可不怕冷。其次，地球也是有自己的被子的。它的被子叫作大气层，大气层的主要成分是占比 70% 以上的氮气，这床大气层‘被子’可厚了，它足有 1000 多千米，分为对流层、平流层、中间层、热层和散逸层，在外面，就是茫茫星空了。”

杰百利如释重负。皮克继续说道：“其实，地球‘盖被子’是为了我们呀。大气层可以保护地表免遭太阳紫外线的直接照射，这样生命才能生息繁衍，同时也调节了气候温度，免得气温一会儿极冷，一会儿极热。”

听了皮克的话，杰百利羡慕地看向天空，要是自己也有一床像大气层这样又透明，又多功能的被子，该多好啊。

考考你

★你知道 70%减去 20%，是多少吗？

★★大气层的厚度有 1000 千米，分为 5 个区域，每个区域平均有多厚？

难点儿的你会吗？

假如你在大气层外面的星际空间遇到了外星人，这个外星人身高 196 厘米，你比他矮 57 厘米，你的伙伴比你高 8 厘米，你的身高是多少？你的伙伴的身高又是多少？

答案：50%；200 千米的厚度；我高 139 厘米，我的伙伴高 147 厘米。

最小最冷的星星

“天上那么多小星星，到底哪一颗才是最小的呢？星星越小，是不是温度就越低呢？”杰百利问皮克，这让皮克也陷入了沉思。绿侏儒在一边听见了，赶紧卖弄起自己的知识来：“别的地方我不清楚，太阳系最小的行星是冥王星，它的直径只有 2376 千米，是月球直径的三分之二。因为太小，已经被踢出了太阳系九大行星的行列。”

“这么小吗？”小精灵和鳄鱼大叔等人也好奇地围了过来，这让绿侏儒更兴奋了：“冥王星不但小，还很冷。它离太阳最近时的距离为 44 亿千米，表面覆盖着大量冰层，是一颗带冰壳的石头行星……你们可以坐我的飞船去参观参观。”

一听可以去冥王星旅游，大家兴高采烈，杰百利却悄悄溜走了。它知道绿侏儒的飞船不靠谱，上次飞到章鱼星的事还记忆犹新呢。

考考你

★假如你组织你们班的同学一同去冥王星探险，女生 4 人，男生 24 人，男生的数量是女生的几倍？

★★你的飞行器 5 个小时就能到达冥王星，而你的伙伴的飞行器则需要 20 个小时，你能算出你的飞行器的速度是你的伙伴的几倍吗？

难点儿的你会吗？

冥王星上有许多宝石，你捡了一些，它们躺在宝石盒里是按照 2 红、4 蓝，2 红、4 蓝的规律排列的，一共 24 粒，你能算出蓝宝石是红宝石的几倍吗？

答案：6 倍；4 倍；蓝宝石是红宝石的 2 倍。

先开花后长叶的植物

菲幽爷爷盯着自己的迎春花自言自语："这花真怪啊，竟然连叶子都没长就开花了。可外面还天寒地冻，它不怕冷吗？"琼迪为了表现自己见多识广，赶紧解释："我听说男人多的地方，植物就会先开花后长叶子。女人多的地方，植物就会先长叶子再开花。不信你看鼠妇大婶儿家的花园，那是因为它和咕咕小姐成天待在那里。"

琼迪的胡说八道竟然让菲幽爷爷连连点头。其实它们不知道，大多数春天开花的植物，叶子和花已经在头年秋天藏在芽里。之所以有的植物先长叶后开花，是因为叶芽不怕冷，所以在初春就开始发芽。而先开花后长叶的植物则是因为花芽更喜欢低温，所以在天气转暖前就急迫地开了花。很显然，菲幽爷爷的花是属于后者。

考考你

★一盆迎春花有50片叶子，花的数量是叶子的4倍，你知道花有多少朵吗？

★★其实迎春花的叶子早在上一年的秋天就开始发芽了，到了春天发芽的时候，时间已经过去201天，你能算出是几个月零几天吗？（一个月30天）

难点儿的你会吗？

假如你有7盆迎春花，你的伙伴告诉你，他的花的盆数是你的3倍，而他的妈妈的迎春花盆数是你们两个的总和还多2倍，你能算出他的妈妈一共有多少盆花吗？

答案：200朵，6个月零21天，他的妈妈一共有56盆花。

最硬的恐龙（剑龙）

杰百利大喊着从噩梦中醒来：“别过来！”皮克好奇地问道：“你梦到什么了？”杰百利指手画脚地描述起梦中的景象。原来，它梦到了一个小脑袋，长尾巴，背上还长着利剑的庞然大物追赶自己。为了打败这个怪物，杰百利用上了长矛、弓箭，甚至火箭弹。可这家伙似乎浑身都有坚硬的盔甲，简直是刀枪不入，真是太可怕了。

“别说，你梦到的这个怪家伙还真存在过。”皮克根据杰百利的描述想到了剑龙。加上背上那些好像剑一样的骨板，剑龙身高接近 4 米。这些骨板用处很大，当温度降低时，剑龙就会张开骨板来吸收阳光的热量。温度升高时，又可以翻转背板带来凉风散热并调节体温。

“不过，剑龙可不会去追赶一只蛤蟆。而且，它们早在 6500 万年前就灭绝了。你放心继续睡觉吧。”皮克劝道。可杰百利却拿起两根小木棍把眼皮给撑了起来：“再困我也不敢睡啊，万一又梦见剑龙怎么办？”

考考你

★一个肿头龙的头盖骨厚 25 厘米，3 个肿头龙的头盖骨加在一起厚多少毫米？

★★剑龙的身长约 4 米，它的脑袋长 10 分米，你能算出除了脑袋，它的身长一共有多少分米吗？

难点儿的你会吗？

假如你养了一只肿头龙宠物，你每天得喂它 12 顿食物，一共要喂 3 天，你知道是多少顿吗？如果每顿喂 60 千克，3 天一共要吃多少千克食物？

答案：750 毫米；有 30 分米；36 顿，3 天要吃 2160 千克。

岩石宝藏

琼迪最近突发奇想，听说地下埋藏着取之不尽的宝石，要是能挖出来不就发大财了吗？它准备拉上鼹鼠秋宝一起干。可秋宝有些担心：“我还从来没挖到过那么深的地方，万一把地球挖塌了怎么办？”两人一起带着这个问题前去请教菲幽爷爷。

菲幽爷爷笑着说：“你们放心挖，地球是有骨架的，塌不了！岩石就是地球的骨架，而岩浆是地球的血液。岩石是由岩浆岩、沉积岩，还有变质岩等物质组成。变质岩是岩浆岩和沉积岩在高温高压下形成的，大部分宝石都出产于变质岩……”菲幽爷爷还没说完，兴奋的琼迪和秋宝就开起工来，既然地球挖不塌，那就放心大干一场吧。可意想不到的是，它们没挖到宝石，却挖到了一条地下河，这下琼迪的发财梦又破灭了。

考考你

★一个火山洞口，每天喷发 15 次，3 天要喷发多少次？

★★假如你和你的伙伴开采煤矿，每个星期要开采 500 千克的煤，如果按工作四个星期算的话，这一个月下来，你们一共要开采多少吨煤？

难点儿的你会吗？

如果地球缺失了一部分骨架，你和你的伙伴要为它安装上，你们工作 5 天，一共是多少个小时？

答案：45 次；要开采 2 吨煤；120 个小时。

电焊的火花

秋宝向皮克和杰百利抱怨，它想用铁条给自己的矿洞搭个支架，可铁条用绳子绑一会儿就会散架，怎么也弄不好。杰百利一听乐了：“你应该用电焊机把铁条焊接起来，而不是用绳子。小精灵就有这样的电焊机，我去帮你借！”说完，杰百利真的跑去找小精灵借电焊机了。

“你知道怎么使用吗？要特别小心……”小精灵话还没说完，杰百利就抱着电焊机跑了。可没过半天，它满头缠着绷带重新出现在大家面前，连左眼也遮住了：“天哪，电焊火花刺伤了我的眼睛！”

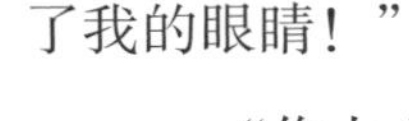

“你太心急了！”小精灵告诉它，“电焊产生的电弧光是一种连续放电现象，可以发出强烈的紫外线、红外线等辐射性物质，对人体特别是眼睛有伤害，所以电焊时一定要戴好护目镜才行。”

考考你

★假如你也开始承揽电焊的活儿了，但干这种工作太口渴了，一个星期下来，你和你的门卫狗一共喝了 9 箱水（一箱 24 瓶），你们一共喝了多少瓶水？

★★你在领取报酬的时候，发现某一组数字上，个位是 0，它与别的数相乘，会是什么结果？

难点儿的你会吗？

假如你焊了大礼堂的 7 个观众区，每一个观众区的座位有 607 个，你能算出一共有多少个座位吗？

答案：一共喝了 216 瓶，0 和任何数相乘，结果都是 0；一共有 4249 个座位。

不喝水的兔子

“我怀疑兔子埃菲夫妇虐待孩子！”杰百利气鼓鼓地向菲幽爷爷投诉，“你看它们家使劲地生小兔子——还从来不给孩子喝水！这么多孩子，照看得又这么差劲儿，怎么得了？”

菲幽爷爷一副少见多怪的表情看着杰百利：“兔子的怀孕周期很短，30 天就可以生一窝宝宝，一年可以生 4 到 8 次，当然孩子多啦。”

“那不给孩子喝水总不好吧？”杰百利不依不饶。菲幽爷爷告诉它：“兔子的主食是青菜，青菜里面本来就含大量水分，足够身体需要的了。要是再多喝水，反而有可能生病呢！”

“没想到吃青菜还有这样的好处？”杰百利也学埃菲一家连吃了一个月的青菜，却没想到拉起了肚子，到最后拉得连路都走不动了。

“唉，我又不是兔子，干吗模仿别人的生活方式呢？”杰百利悲叹道。

考考你

★一只兔子一次生 5 只宝宝，一年生了 8 次，一共是多少只兔宝宝？

★★大象宝宝在妈妈的肚子里能待上 23 个月（真令人不敢相信），如果它已经在妈妈的肚子里度过了 20 个月的好时光，还有几天它就要降生了？（按 1 个月 30 天算）

难点儿的你会吗？

兔子的怀孕周期只有 30 天，而大象的怀孕周期是 23 个月，多少只兔子的怀孕周期加在一起，才是大象怀孕周期的 2 倍？

答案：40 只；90 天；46 只兔子。

鱼类的祖先

黑鱼墨丘特别喜欢一边在地下城的泳池里泡澡，一边给杰百利和皮克讲地下暗河的故事。它告诉大家，在这些泳池下面，是深不可测、盘根错节的地下暗河网，而自己对每一条暗河都了如指掌。

“你比我还晚来地下城，怎么了解得这么清楚？”杰百利不相信墨丘。

“我虽然来得晚，但我的祖先文昌鱼在几亿年前就游遍了每一条暗河！”墨丘夸口道。它还告诉杰百利，“文昌鱼虽然长得像鱼，但不是鱼。它是从无脊椎动物进化到脊椎动物的过渡物种。5 亿年前就生活在地球上了。”

哇！墨丘竟然有历史这么悠久的祖先，杰百利简直要对它肃然起敬了。

考考你

★文昌鱼最多能活4年，而人类的平均寿命大约是80岁，是文昌鱼的几倍？

★★假如你要组织你的宠物文昌鱼做水中花样体操，每组290条文昌鱼，一共有3组，你能算出一共有多少条文昌鱼参加吗？

难点儿的你会吗？

你要去了解文昌鱼的历史，想要打开那本古书，得先破解书侧页的一排文字，上面写道：把5、7、1、0这四个数字组成一个四位数，应该怎样才能最大？

答案：20倍；870条；最大的数为7510。

不一样的个人身份识别

琼迪最近在叫卖一种神奇的密码箱："快来看啊！不用锁不用指纹，只需要你的耳朵就可以开箱子！"围观者都被惊呆了，竟然还有这么先进的科技？

"这并不神秘。"绿侏儒告诉杰百利，"能识别每个人身份的不止指纹，还有耳朵。耳朵的轮廓、大小、形状和指纹一样独一无二。每个动物的两只耳朵都不一样，所以可以作为一种身份识别方法来使用。"

"这太时髦了！"杰百利赶紧找琼迪买下了密码箱，可任凭它怎么把耳朵贴在箱子上，密码箱都毫无反应。

"哎！"绿侏儒叹道，"你们蛤蟆的耳朵太小，而且根本没有耳郭，要识别起来确实非常困难。"看来，杰百利又花了冤枉钱。

考考你

★假如你也有一个耳朵密码箱，有 19 个人想参观，你卖出每张门票的价格为 45 元，他们带了 860 元钱，要买门票够用吗?

★★要是有 5 个人想来参观你的密码箱，每个人需要花 103 元钱买门票，他们一共得准备多少钱?

难点儿的你会吗?

你要去旅行，密码箱高 70 毫米，能塞进 3 个 5 厘米那么高的火车货架上吗?

答案：够用；515 元；15 厘米 =150 毫米，能塞进去。

巧克力

“我说，你怎么把好端端的裤子扔进了垃圾桶？”皮克质问杰百利。它觉得这样也太浪费了，这已经是杰百利本周扔掉的第三条裤子啦。

杰百利委屈地说：“我也不想，可自从吃了牛奶巧克力，肚子就飞快地长，原来的裤子穿不上了。”

原来是这样，巧克力是用可可树的果实做成的，里面含有丰富的可可脂和可可粉，既香甜可口，又能提供大量的热量，怪不得杰百利一吃就停不下来，胖得也停不下来。

“我看，埃菲太太比你更需要用巧克力来补充能量。它成天照顾小兔子们实在是太辛苦了，而你该减肥了。”皮克说服杰百利把多余的巧克力送给埃菲太太，而杰百利应该赶紧去跑步运动了。

考考你

★一个可可果中，可可粉的成分只有25%，剩余的全是可可渣，你能算出可可渣的含量吗？

★★你有42块巧克力，你的好朋友的巧克力数量只有你的一半多3块，他有多少块巧克力？

难点儿的你会吗？

假如你的好伙伴告诉你，他买的巧克力数量是一个两位数，与8相乘的话，积在300–320范围之间，你能算出那个两位数可能是多少吗？

答案：75%；24块；可能是38、39、40。

人有多少块肌肉

皮克最近迷上了健身和运动，它想在地下城开一个健身班。许多动物都慕名而来，听皮克大谈健身和肌肉的关系。

“你们看，拿人体来说，全身有600多块肌肉，这些肌肉又由60亿条肌纤维组成。其中最长的有60厘米，而最短的仅有1毫米。大块的肌肉重2000克，小块的只有几克，它们共同占到了身体的35%~45%。”皮克滔滔不绝，它还告诉大家，“肌肉的营养是靠血管和毛细血管来提供的。肌肉里毛细血管的总长度约有10万千米，可以绕地球两圈半。科学的饮食和运动可以帮助你长出一身健美的肌肉。”

“真的吗？”杰百利怦然心动，它一路上都在考虑要不要报皮克的健身班。可当看见绿巨人时，杰百利掉头就跑，“还是算了吧，我这么矮，要是再练得像绿巨人那样满身肌肉块，一定丑死了。”

幸好，绿巨人不知道杰百利在想些什么，不然它一定会被气死的。

考考你

★如果你的身上有600块肌肉，你的三个好朋友身上的肌肉总和是你的3倍，你们四个人身上一共有多少块肌肉？

★★一个人身体里的毛细血管的总长度有 10 万千米，可以绕地球两圈半，如果绕了 5 圈，是多少千米呢？

难点儿的你会吗？

假如你身上有 10 块每块 2000 克的肌肉，单块重量是其他轻一些的肌肉的 5 倍，轻一些的肌肉有 40 块，你能算出这些肌肉一共有多少千克吗？

答案：2400 块；20 万千米；36 千克。

娃娃鱼

黑鱼墨丘家来了一位客人——娃娃鱼。听说它小时候用鳃呼吸，长大用肺呼吸，还十分长寿，已经120多岁了。不过，这位客人十分神秘，不肯轻易见人。

杰百利慕名前来拜访，墨丘赶紧把它拦在门外："我这位客人平时喜欢躲在石缝里，它很能吃，一顿能让体重增加五分之一。它也很能挨饿，3年不吃饭也饿不死，只需要一点儿小零食……"一听娃娃鱼竟然有三年不吃饭的本事，杰百利也想前去讨教一番，这不是可以省下大笔生活费吗？它不顾墨丘的阻挡钻了进去，没想到娃娃鱼露出又尖又密的牙齿一口咬来。看起来，杰百利被娃娃鱼当成了小零食。真险哪！要不是墨丘拼命从娃娃鱼嘴里救下杰百利，它损失的可就不只是生活费了。

考考你

★娃娃鱼活了 120 岁，而你的祖母活了 94 岁，它比你的祖母多活了多少岁？

★★假如你想为你的宠物娃娃鱼买一套碗，买 3 个碗用了 15 元，要是买 9 个同样的碗，得花多少钱？

难点儿的你会吗？

如果你要为你的宠物娃娃鱼买一些彩色石子儿和小鱼，你第一次买 4 条小鱼和 5 块彩色石子儿，共用去 52 元。后来又买了同样的 4 条小鱼和 8 块彩色石子儿，共用去 64 元。你能算出每条小鱼多少钱，每块彩色石子儿多少钱吗？

答案：多活 26 岁；45 元；小鱼每条 8 元，彩色石子儿每块 4 元。

短命的昆虫

“嘿，你们好啊！”杰百利友善地向空中飞舞的蜉蝣们招手。可蜉蝣们似乎充耳不闻，急匆匆地朝前飞走了。

“这些家伙，仗着自己长得漂亮竟敢不理人，也太不礼貌了。”杰百利气鼓鼓地说。

“我想，应该是它们的生命太短暂了，所以没有时间来理你。”皮克告诉杰百利，“蜉蝣是最原始的有翅昆虫，它们那柔软的身体一般为3~27毫米。成虫前，蜉蝣可以在水里生活1~3年，而长成会飞的成虫后，就仅有一天的寿命。这么宝贵的时间，当然要好好利用啊。”

原来是这样，杰百利和皮克走到森林深处，发现那里已经躺满了死去的蜉蝣。“生命真是美丽而短暂啊。”为了纪念蜉蝣们，杰百利和皮克决定为它们修建一所墓园。

考考你

★一只蜉蝣的身体长 27 毫米，10 只蜉蝣的身体长度总和有多少厘米？

★★蜉蝣的寿命只有一天，你知道是多少个小时吗？

★★★假如 6 元钱可以购买 1 只宠物小蜉蝣，你的钱正好可以买 6 个。如果你想用这些钱买 9 元 1 只的宠物大蜉蝣，能买几只？

难点儿的你会吗？

如果你要为蜉蝣建一座美丽的墓园，2 只蜉蝣躺在一个棺椁里，200 个棺椁可以躺多少只蜉蝣？

答案：27 厘米，24 个小时，可以买 4 只，可能躺 400 只。

产卵的海龟

“不得了啦！”杰百利慌慌张张地找到皮克，“海滩边趴着一个大怪物，一动不动还流眼泪,看上去快要死了！”有这么奇怪的动物？皮克决定拉着见多识广的菲幽爷爷一起去看看。刚到海滩，大家发现琼迪也正提着一把铲子走向“怪物”：“它看上去活不了多久了，我做做好事埋掉它吧。”

“住手！”菲幽爷爷大喊，“这是我的老朋友，300岁的棱皮龟啊！”菲幽爷爷告诉大家，“面前这个两米长，一吨重的大海龟可以在海里巡游长达几千千米，然后找到一片海滩产卵。而所谓的“流泪”只不过是棱皮龟泪腺旁边的一些特殊腺体正在排出盐分而已。”

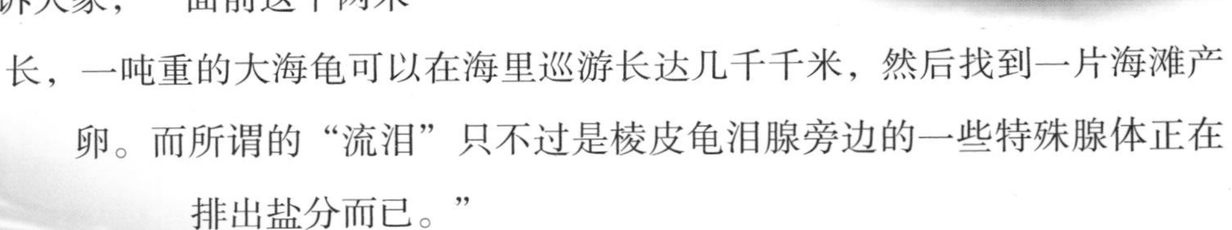

“原来是这样啊。”大家恍然大悟，“就让我们一起来帮棱皮龟守护好它的卵吧。”

考考你

★海龟的寿命有300岁，陆龟的寿命有130岁，几只陆龟的寿命加在一起，可以超过海龟的寿命?

★★假如你骑自行车，一天可以骑上50千米，要骑多少天，才能够到达5000千米处的海滩?

难点儿的你会吗?

每年都有135只海龟来到海滩产卵，6年间一共来了多少只海龟? 而海豹的数量是它们的4倍，你能算出海豹是多少只吗?

答案：3只，100天，6年共来810只海龟，海豹3240只。

美丽的脖子

不知道为什么，杰百利对自己的脖子相当自信。它总认为自己的脖子是天下最优美的脖子。要是哪天举办一场脖子比美大赛，它一定能获得冠军。杰百利觉得连爱臭美的绿巨人和白头鹰也比不上它。

“那是因为你没见到过长颈鹿。”皮克告诉杰百利，“长颈鹿是世界上最高的哺乳动物，有六七米高，刚生下来的长颈鹿宝宝就能有1.5米高。而其中一半以上的高度都是由脖子贡献的。它的颈椎骨和其他哺乳动物一样，都只有7块，但每一块都特别长，看上去优雅极了。”

“得了吧。”杰百利才不愿承认有动物的脖子比它更漂亮。直到有一天它亲眼见到了长颈鹿，这才心服口服：“乖乖，幸好没有举办脖子比美大赛，不然我就要自取其辱了。”

考考你

★如果你的宠物长颈鹿身高有 7 米，脖子和头的高度就占身高的一半以上，那它的脖子和头大约是多少分米?

★★假如你的宠物长颈鹿的圈舍离你的居住房子有 800 米远，它每分钟能走 120 米，从它的圈舍走到你居住的房子 7 分钟能走到吗?

难点儿的你会吗?

一只长颈鹿的颈椎骨有 7 块，每块重 750 克，多少块颈椎骨加在一起，会超过一头重 20 千克的猪的重量?

答案：大约 40 分米；7 分钟走 840 米，可以走到；27 块。

最大的花和最小的花

隐士凡奇全神贯注地看着空无一物的桌子，这让琼迪很好奇：“你在干什么？”

凡奇回答道：“我在欣赏花啊。”

琼迪更好奇了：“桌上哪里有花？你在骗我吧？”

凡奇告诉它，自己在看世界上最小的花——微萍。这种植物要开一次花很不容易，花的样子像灯泡，还能结果，直径只有一毫米，就像一粒沙。很多时候只有用显微镜才能看清楚呢。

“费这么大劲，直接看大花不好吗？可什么花最大呢？”琼迪暗想。没过几天，它就找来了一朵大王花送给凡奇。花冠直径 1.4 米，花瓣都有 5 厘米厚，重达 10 千克。可是世界上最大的花呢。

没想到，凡奇一看到大王花一点儿都不高兴，而且还连连摆手：“拿走拿走！”琼迪不知道，大王花一生只开一次，花期只有 4 天，刚开始很香，可很快就会散发出难闻的腐臭味，怪不得凡奇这么害怕。

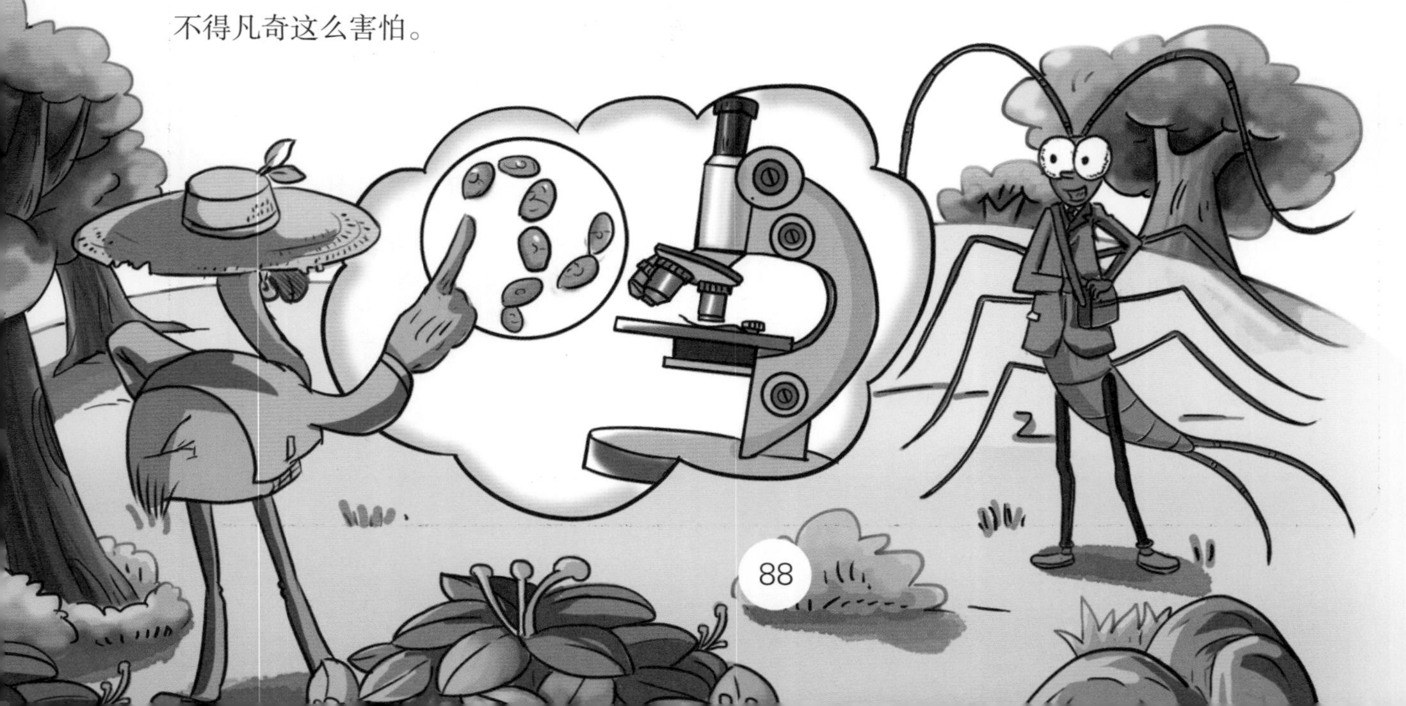

考考你

★大王花的花有 10 千克重，是向日葵花盘的 5 倍重，向日葵的花盘有多重？

★★大王花一生只开一次花，而且只有 4 天，你能算出是多少分钟吗？

难点儿的你会吗？

假如你也有一盆大王花，在它开花之际，你在第一片花瓣上看到这样一组数字：$1\times9+2=11$，第二片花瓣上的一组数字是：$12\times9+3=111$，第三片花瓣上的一组数字是：$123\times9+4=1111$，你能说出第四片花瓣上的一组数字是 $\square\times9+\square=11111$ 吗？

答案：2 千克重，5760 分钟，$1234\times9+5=11111$。

白蚁大盗

菲幽爷爷收藏了不少古老的银币，可其中一些却神秘地失踪了。它气得在地下城里到处寻找小偷，一时间人心惶惶。

“带我看看犯罪现场吧。”皮克自告奋勇。

不一会儿，皮克就找到了线索，它指着储藏柜散落一地的木屑说道：“是白蚁干的。”

“白蚁？”大家都不相信，只听说过白蚁能啃食木头，可坚硬的银币它们咬得动吗？皮克告诉大家：“白蚁啃食金属并不奇怪。大科学家哥白尼就曾发现白蚁吃掉了妈妈的银勺子。这是因为白蚁可以分泌一种叫作蚁酸的强酸物质，它能与金属发生化学反应，将白银等金属腐蚀掉。”

“原来是这么回事啊！”菲幽爷爷懊恼地说道，“看来我得驱除白蚁了，不然一枚银币也保不住。”

考考你

★一只白蚁大盗一天能吃掉 200 克的木地板，你的木板一共有 10 千克，多少只白蚁大盗能够在一天的时间里将你的地板全部吃光？

难点儿的你会吗？

你想捉住这些白蚁大盗，就制作了两张粘蚁板，它们同样是长 6 厘米、宽 4 厘米，如果将这两张粘蚁板叠放在一起，使重叠部分为一个最大的正方形，叠放后粘蚁板的周长是多少厘米？

答案：50 只，叠放后图形的周长是 24 厘米。

好看的厨师帽

绿侏儒一直为自己的厨艺而自豪，但皮克和杰百利似乎并不把这当一回事，甚至有的时候它们还要嘲笑绿侏儒在做饭的时候总戴着一顶白色的厨师帽装腔作势。“不行，我一定要给这两个无知的家伙好好上一课！”绿侏儒为此专门做了一桌丰盛的大餐，并请皮克和杰百利前来享用。

“你们知道厨师帽的来历吗？”在大家吃得正开心的时候，绿侏儒说道，“它来自一位叫安托万·克莱姆的法国厨师，他受一位戴着白色高帽子的顾客启发发明了厨师帽。一开始这种逗人发笑的帽子为安托万招徕了更多的生意。慢慢地，它就变成了厨师的身份象征，帽子越高，代表厨师的手艺和经验越高超丰富，听说最高的厨师帽有 35 厘米呢！”

不过，杰百利完全误会了绿侏儒的意思，它以为只要戴上高大的厨师帽就能做出可口的饭菜，于是也用白纸给自己做了一顶。可一番忙碌下来，被汗水浸湿的厨师帽耷拉下来，变成了一条裙子，别提有多可笑了。

考考你

★假如你是一位优秀的厨师，手头有 9 张边长是 1 分米的正方形吸油纸，为了吸引顾客，你要将它们拼成一个大正方形，怎样拼才能使拼出来的正方形周长最短？

★★如果你先把大蛋糕的$\frac{2}{3}$吃掉了，你知道还剩下多少吗？

难点儿的你会吗？

你能够把$\frac{1}{8}$、$\frac{1}{4}$、$\frac{1}{10}$、$\frac{1}{3}$，按从大到小的顺序排列吗？

答案：把 1 分米的小正方形摆成 3 排，3×3=9 分米；$\frac{1}{3}$，$\frac{1}{4}$，$\frac{1}{8}$，$\frac{1}{10}$。

天然净化机

刚装修完房子的皮克总觉得喉咙很不舒服，它前去鼠妇大婶儿的诊所看病。鼠妇大婶儿告诉它，这是因为它对房间里装修涂料散发出来的有害气体过敏。那么，怎么解决这个问题呢？

鼠妇大婶儿告诉皮克，绿色植物可以通过叶片来吸收化学物质，比如有害的甲醛。有科学家做过实验得出结果，在全天提供光照的条件下，一盆芦荟可以消除一立方米空气中 90% 的甲醛，一盆吊兰可以吸收 86% 的甲醛，还能将电器、塑料制品等物品散发的一氧化碳和过氧化氢吸收干净。而矮生伽蓝菜、仙人球等植物在夜间也能吸收这些有害气体。

“这么神奇？我想到办法了。”皮克赶紧和杰百利用各种植物给自己铺了一张大床，它俩兴奋地在床上蹦来蹦去，一点儿也不担心床下面铺了一层仙人球。

考考你

★在光照的条件下，在一段时间中，一盆芦荟能消除 1 立方米空气中的甲醛，请问五盆芦荟能消除多少立方米空气中的的甲醛？

★★一盆芦荟 24 小时可以消除 7/8 的甲醛，一盆仙人球 24 小时可以消除 1/9 的甲醛，谁消除的甲醛多一些？

难点儿的你会吗？

把一根巧克力棒平均分成 10 份，每一份是它的几分之几，如果让你拿出 7/10，是几根？

答案：5 立方米；芦荟；每一份是它的 1/10，是 7 根。

27 天换一层皮

看见绿巨人从面前走过，蝗虫花林嘲笑道："人类真逊，一辈子都穿着那身皮肤，哪像我会通过蜕皮的方式来换上新的皮肤。"

"呵呵，我看逊的是你吧。"跳蚤披旦冷笑道，"人类每天都会新长出一两百万个皮肤细胞，也有同样数量的皮肤细胞老化后被衣服摩擦掉，所以，大约每隔 27 天，人类全身的表皮就会更换一次。一生要掉 18 公斤的死皮。比你一辈子才蜕 5 次皮要多多了。"

说到这里，披旦顾不上目瞪口呆的花林，拿出刀叉奔向正从他身边走过的绿巨人："我猜他刚刚褪掉了一身老皮，这时候吸他的血一定方便极了。"

怪不得披旦对绿巨人的皮肤如此了解，原来是这么回事啊。

考考你

★假如你一生要掉 36 斤死皮，你能算出是多少克吗？

★★人类 27 天就会换一次皮，一年大概要换多少次皮？

难点儿的你会吗？

如果你一天会有 200 万个皮肤细胞新生长出来，你能算出一个星期的时间里，你新生长出多少个皮肤细胞吗？

答案：真令人不敢相信，是 18000 克；大约要换 13 次皮；1400 万个皮肤细胞。

奇妙的眼睛

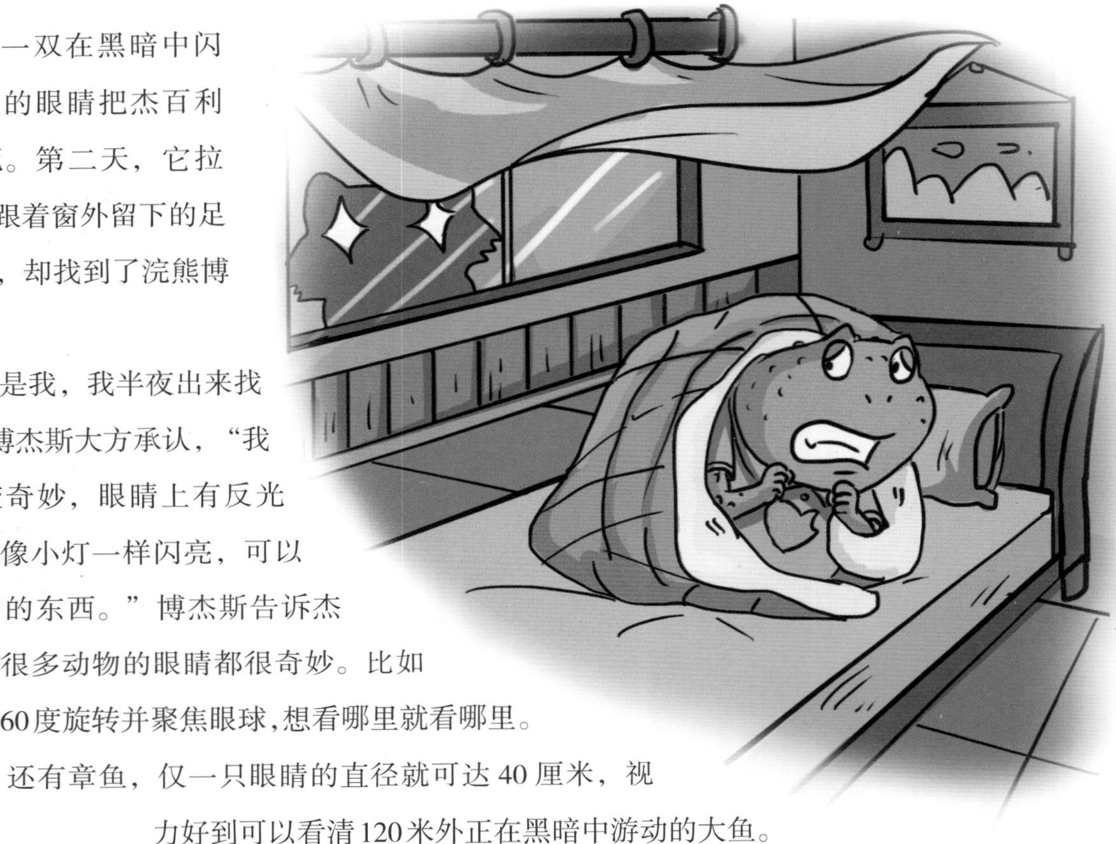

半夜，一双在黑暗中闪闪发出绿光的眼睛把杰百利吓了个半死。第二天，它拉着皮克一起跟着窗外留下的足迹寻找怪物，却找到了浣熊博杰斯家里。

“确实是我，我半夜出来找东西吃。”博杰斯大方承认，“我的眼睛比较奇妙，眼睛上有反光膜，晚上就像小灯一样闪亮，可以看清黑暗中的东西。”博杰斯告诉杰百利，其实很多动物的眼睛都很奇妙。比如蜥蜴,可以360度旋转并聚焦眼球,想看哪里就看哪里。还有章鱼，仅一只眼睛的直径就可达40厘米，视力好到可以看清120米外正在黑暗中游动的大鱼。

“那我的眼睛呢？”杰百利问。既然都是动物，自己也应该有不一样的地方吧。

这个问题可难倒了博杰斯，它想了半天，为难地说：“你眼睛的奇妙之处，可能在于特别和大特别鼓吧。”

考考你

★假如章鱼能看到 120 米之外正在游动的大鱼，海豚的视力是它的 5 倍，海豚能看到多远的景物？

★★假如你的宠物章鱼一天吃掉$\frac{3}{5}$袋食物，你的宠物海豚一天吃掉了你$\frac{3}{4}$袋食物，它们谁吃得更多一些？

难点儿的你会吗？

如果你 20 个巧克力，晚上发现的时候它只剩$\frac{1}{4}$，一定是宠物海豚偷吃了。你能算出你的宠物海豚偷吃了多少巧克力吗？

答案：600 米；宠物海豚吃掉得更多；15 个。

蚊子也长牙齿

“可恶！”杰百利疯了似的挥舞着苍蝇拍驱赶蚊子，“这些家伙的嘴到底是怎么长的，咬得我浑身都是疙瘩，又红又痒。”

蚊子的嘴到底有什么特殊之处呢？皮克让杰百利在高倍显微镜下观察蚊子的嘴，也就是口器。蚊子长长的口器就像一个空心注射针头。饿了的时候，蚊子就把口器插进动物皮肤或植物身上吸食血或汁液。另外，蚊子虽然不靠牙来吃东西，但它却长着多达 22 颗牙齿呢。

听了皮克的话，杰百利突发奇想，要是自己也装上模仿蚊子的长口器，吃东西会不会很方便呢？当绿侏儒把香甜可口的蛋糕端上来的时候，杰百利才发现自己犯了个大错误。长长的口器让它根本吃不到蛋糕，而且由于胶水粘得太牢，短时间内恐怕是取不下来了。

考考你

★蚊子有 22 颗牙齿，而你那刚出生的弟弟才长了 2 颗牙，你知道蚊子的牙齿是你弟弟牙齿的几倍吗？

难点儿的你会吗？

如果两个房间有一样多的蚊子，你在第一个房间上午拍死了$\frac{1}{4}$的蚊子，下午拍死了$\frac{3}{4}$的蚊子，你在第二个房间上午拍死了$\frac{7}{11}$的蚊子，下午拍死了$\frac{3}{11}$的蚊子，你在两个房间拍死的蚊子的总数一样多吗？

答案：11 倍；一样多。

不吃可以活，不睡觉却会死

杰百利突然觉得生命太短暂了，应该把所有的时间都用来做自己想做的事。比如和绿巨人一起参加健美大赛，去海滩度假晒太阳，舒舒服服地洗泡泡浴……可从哪里节省时间呢？想来想去，杰百利决定把睡觉给取消掉，这样就有大量的时间做自己想做的事了。

可几天过去，当杰百利再次出现在大家面前时，所有人都被它的黑眼圈吓呆了。“这就是长期不睡觉的结果。”皮克指着杰百利说道，“如果光喝水但没东西吃，我们还能坚持相当长一段时间。但如果一直不睡觉，就是铁人也顶不住。由于长时间不睡觉是个极其危险的事情，所以吉尼斯早已取消这类挑战，于是人类连续不睡觉的吉尼斯世界纪录定格在 264 个小时。”

话还没说完，杰百利就和镜子里的自己拉起家常来。看来长时间不睡觉的杰百利已经出现了严重的幻觉。

考考你

★假如这个月月亮出现了 19 次，而太阳出现的次数是它的 2 倍少 14 次，你能算出太阳出现多少次吗？

难点儿的你会吗？

假如你用剪刀剪一条遮挡住太阳的长条形的云彩，共剪了 9 段，每剪一次的时间都相同。那么剪第一次的时间占总时间的几分之几？

答案：24 次；第一次的时间占总时间$\frac{1}{8}$。

察看眼睛

长时间不睡觉的杰百利终于撑不住了，它直挺挺地摔倒在地。吓坏的皮克赶紧把它送到了鼠妇大婶儿的诊所。鼠妇大婶儿只是扒开杰百利的眼皮看了看，就做出了诊断："回家好好休息，不会有事的。"

"这么简单？"皮克觉得鼠妇大婶儿也太草率了。见皮克不放心，鼠妇大婶儿扒开杰百利的眼皮让它看："瞧，小小的眼睛可以分为很多部分，有虹膜、瞳孔、角膜、晶状体，还有视网膜、视神经、玻璃体等。其实，眼睛是大脑的一部分，是大脑专门派出来看外面世界的。所以它也被称为能够从外面看到的脑。"

"真的吗？"皮克也想看个究竟。"头脑在正常工作的时候，只要光射进眼睛，瞳孔就会缩小。有经验的医生只要观察瞳孔就能判断患者的情况严不严重。"鼠妇大婶儿说。事实证明，它说得没错。第二天，美美地睡了一觉的杰百利又生龙活虎地蹦跳起来。

考考你

★假如你的眼部有 120 克重，眼球占了$\frac{1}{3}$，眼眶内部占了$\frac{2}{3}$，你能算出眼球和眼眶内部各有多少克吗?

★★假如你的眼睛有 50 克重，你的宠物大象的眼睛是你的眼睛重量的 6 倍多 10 克，你能算出它的眼睛重多少克吗?

难点儿的你会吗?

如果大怪物长了 11 只眼睛，小怪物长了 7 只，小怪物眼睛数量是大怪物的几分之几?

答案：眼球 40 克，眼眶内部 80 克；310 克；$\frac{7}{11}$。

旋转头晕

绿巨人最近迷上了塔丽小姐那美妙的旋转舞。“老天，我也要像她那样高速旋转个不停。”可还没转上几圈，绿巨人就头昏眼花，一头撞向地面。

“哈哈哈，怎么转两圈就晕成这样？”皮克和杰百利看着狼狈的绿巨人捧腹大笑。

“你转你也晕。”绿侏儒替绿巨人解围道，“这种现象和我们的视觉有关。当身体快速移动，或眼前有物体快速运动时，我们内耳里的平衡器就会受到刺激，产生失去平衡的感觉。这让我们头晕，特别严重时还会呕吐。不过，要是像塔丽小姐那样经过大量的训练，也可以……你们怎么了？”

绿侏儒的话还没说完，皮克和杰百利也恶心难受起来。原来，光是看着绿巨人那滴溜乱转的眼珠子，就已经让它们感到头晕了。

考考你

★如果你旋转跳舞，坚持 10 圈就会晕倒，而你的好伙伴坚持的圈数是你的 6 倍，他能转多少圈？

★★你的好伙伴转了 3 分钟，一共转了 240 圈，你能帮他算出每分钟转了多少圈吗？

难点儿的你会吗？

你转一圈的周长是 50 厘米，你的爸爸转一圈比你多 30 厘米，比你的妈妈少 12 厘米，你们三个人转一圈一共转了多少厘米？

答案：60 圈；转了 80 圈；三个人一共转了 222 厘米。

牛的4个胃

“你说黄牛希布尔是不是脑子有毛病？”杰百利偷偷告诉皮克，“我经常看它一个人自言自语，让人看了心里发毛。这是神经不正常的表现吧？”

“你错怪希布尔了。”皮克告诉杰百利，“它那不是自言自语，是在反刍。牛是性情温和的动物，而野外的危险又太多了。为了保护自己，它们习惯赶紧吃完草后，再找一个安全的地方慢慢反刍。牛有4个胃，吃下的草先进入瘤胃，再按顺序进入网胃、瓣胃和皱胃中由细菌进行分解，这一道道工序下来，才能把草变成身体需要的养分。”

“原来是这么回事啊。糟了，我……”杰百利话还没说完，就看见愤怒的希布尔朝它冲来：“杰百利，你为什么在地下城到处跟别人说我脑子有病？！”

看来，多嘴的杰百利又要吃苦头了。

考考你

★你的宠物牛有 4 个胃，而宠物狗只有它的$\frac{1}{4}$，你的宠物狗有几个胃？

★★一头牛有 4 个胃，假如每个胃能装下 6 千克的食物，4 个胃能装下多少千克的食物？

难点儿的你会吗？

假如一头牛一周的食量是羊一周的食量的 6 倍少 10 千克，牛一个星期能吃 300 千克的草料，羊一个星期能吃多少千克的草料？

答案：1个胃，24千克，约52千克。

盲视的邻居

杰百利的邻居利普托迪鲁斯甲虫深居简出，常年戴着一副墨镜，也从来不见它晚上开灯。这让杰百利好奇极了。难得有一天，甲虫先生来杰百利家喝咖啡。当它取下墨镜时杰百利才发现，甲虫先生竟然没有眼睛，这太奇怪了。

"这并不奇怪。"菲幽爷爷知道后告诉杰百利，"世界上有很多没有眼睛的动物，比如蝾螈、盲蛇、盲螃蟹、盲龙虾，以及许多生活在洞穴和深海里的动物。因为那里很黑暗，眼睛根本派不上用场，于是在长时间的物种进化中，它们眼睛的功能就退化消失了。而利普托迪鲁斯甲虫就是这样一种洞穴生物。它完全依靠灵敏的嗅觉和触觉来感受外界环境的变化。"

"长期看不到光就要失明吗？这太可怕了。"杰百利害怕自己也变得像甲虫先生那样，于是不管白天黑夜，它都瞪大了眼睛站在自家阳台外面，以便能看到更多的光线。不管大家怎么劝说，它都不愿闭上眼睛。

考考你

★假如利普托迪鲁斯甲虫一生要盲视 150 天，你能帮它算出是多少个小时吗？

★★如果一只利普托迪鲁斯甲虫重 30 克，10 只利普托迪鲁斯甲虫的重量是一只蜻蜓重量的 20 倍，那么蜻蜓有多重？

难点儿的你会吗？

如果你想要潜入洞穴里去看利普托迪鲁斯甲虫，每天下潜洞穴的 1/6，几天后你才能到达洞穴里？

答案：3600 个小时，蜻蜓重 15 克，6 天才能到达。